ACTION PHYSIQUE DE L'OXIGENE PAR LA RESPIRATION ET PAR LA COMBUSTION.

La chymie a découvert l'Oxigène et sa propriété d'entretenir la combustion et la vie. Excepté sa densité, la physique n'a encore reconnu aucune propriété à ce nouvel être ; c'est cependant par une action purement physique, que ce gaz se remplace dans un appartement, qu'il arrive aux lampes aspirantes, dites *Quinquets*, qu'il contribue à diriger les oiseaux dans les airs, soit qu'ils volent, soit qu'ils planent ; par cette même action, il peut concourir à la direction des machines aërostatiques. Je vais succinctement indiquer de quelle manière il participe à la production de ces phénomènes, et comment il peut contribuer à faire mouvoir un corps en équilibre dans l'atmosphère.

Lorsque l'on fait du feu dans la cheminée d'un appartement clos; si ce feu est un peu considérable, s'il brûle avec activité, on entend un sifflement à la porte; si on présente une bougie allumée aux fentes de cette porte ou au trou de la serrure, la flamme est poussée vers l'intérieur de la pièce, et la bougie s'éteint; ce qui annouce que le sifflement provient de l'air qui entre dans l'appartement, que cet air y afflue en quantité, puisqu'il éteint la bougie, et qu'il manifeste son introduction par un sifflement.

On a paru croire jusqu'à présent que tous les gaz atmosphériques étaient attirés par la combustion dans la pièce où elle se fait; c'est une erreur. Si cela était, dans un court espace de tems, l'appartement serait inhabitable par la substitution de l'azote et de l'acide carbonique, à l'Oxigène. Comme on ne voit pas que la respiration soit gênée, ni que la combustion soit ralentie, lors même qu'on a été plusieurs jours sans y renouveler l'air; il faut qu'il n'y ait que l'Oxigène qui soit extrait par la combustion et par la respiration, d'entre l'azote, sans que celui-ci soit déplacé, ainsi que la liqueur qui filtre à travers une substance sans en emprunter aucune propriété.

Ce mémoire fait partie d'un travail dont je m'occupe, pour connaître exactement le mécanisme de la respiration de l'homme et des quadrupèdes; ne pouvant encore démontrer d'une manière satisfaisante l'aspiration de l'Oxigène pur par ces animaux, j'ai extrait ce qui suit, parce qu'il présente une application d'une telle importance, que je ne saurais différer sa publication sans crime. Il y a néanmoins une grande probabilité que l'homme aspire l'Oxigène pur; car son souffle chassé soit par le nez, soit par la bouche, allume plus promptement le feu, qu'un soufflet qui a une capacité égale à celle de ses poumons. Si l'Oxigène n'entrait pas pur dans les bronches, il n'en sortirait pas avec la faculté d'alimenter la flamme malgré son mélange avec les mofettes excrétées par l'expiration, et sa dépravation dans le poumon.

L'inspiration de l'Oxigène pur par les oiseaux, est plus évidente; la conformation et la petitesse de l'ouverture du naseau, et les poils dans lesquels s'engage l'azote, laissent l'Oxigène s'introduire seul dans les cavités aëriennes de l'oiseau; je dis cavités aëriennes, parce qu'il pénètre ailleurs que dans ses poumons, comme l'a observé Camper. Voici comme le citoyen Fourcroy s'exprime sur cette découverte dans ses élémens d'histoire naturelle et de chymie:

« Quoique la respiration des oiseaux soit
» analogue à celle des animaux précédens, cette
» fonction paraît être beauconp plus étendue chez
» eux. En effet les anatomistes ont découvert dans
» le ventre des oiseaux des organes spongieux
» réticulaires, qui communiquent avec leurs pou-
» mons, et ces derniers s'étendent jusques dans les
» os des ailes, qui sont creux et sans moële par
» un canal au haut de la poitrine, et qui s'ouvre
» dans la partie supérieure et renflée de l'os hu-
» merus. Cette belle découverte, due à Camper,
» nous apprend que l'air passe dans les poumons
» des oiseaux, dans les os des ailes. »

On pense généralement que c'est par leurs ailes que les oiseaux se dirigent; mais ceux qui planent, comment se meuvent-ils en tous sens? Ici les ailes ne sont d'aucun secours, puisqu'elles sont constamment étendues tant que l'oiseau vague ainsi dans les airs. Cette réflexion suffit pour démontrer que les ailes ne servent pas à la direction des oiseaux. C'est l'Oxigène aspiré, et les vapeurs expirées qui produisent cet effet. En respirant, ils font effort pour attirer l'Oxigène, comme nous avons vu que cela a lieu pour la combustion; mais l'Oxigène, étant engagé dans l'azote, offre par sa conformation rameuse, un obstacle qui le retient; l'oiseau étant en équilibre, ne peut attirer à lui il se porte nécessairement vers l'Oxigène, comme le bateau attaché au rivage dont on dévide la corde dans son intérieur, et qui avance vers le point fixe, autant que la corde se raccourcit.

Que l'oiseau avance pendant l'inspiration, cela paraît assez évident. Il semblerait au premier aspect que s'il avance par l'inspiration, il devrait rétrograder par l'expiration. Il avance cependant aussi par l'expiration, parce que ses narines sont munies d'une valvule chacune qui s'enchasse dans une faussette du bec par l'inspiration, pour laisser venir l'air direct dans les poumons; mais dans l'expiration, l'air rejetté s'engage entre la valvule et la faussette, et il est, par cet obstacle, obligé de rebrousser vers le derrière de l'animal, ce qui lui imprime une force de recul, qui le fait mouvoir à reculons comme une fusée, et de ce recul résulte une locomotion directe; sans ce mécanisme, l'oiseau rétrograderait effectivement dans l'expiration. On trouve les valvules expiratoires bien conformées dans la perdrix; les oiseaux qui n'en ont pas, ont quelque chose qui y équivaut.

Le corbeau qui s'englue un cornet au col en allant manger l'appas qu'il contient, s'élève perpendiculairement par un rapide battement de ses ailes, et tombe enfin de lassitude; il s'élève perpendiculairement, parce que les ailes ne servent qu'à soutenir les oiseaux ; il le fait perpendiculairement, parceque le cornet ne lui permet pas de se diriger par l'inspiration et l'expiration.

Plusieurs espèces d'oiseaux crient en volant ; ce qui dénote que la force motrice du recul est bien moindre que la force d'inspiration ; car une portion des vapeurs expirées étant employée à former les sons, passe par le bec, et est dès-lors sans action pour leur direction. Aussi la force attractive pour l'Oxigène, est-elle le mobile essentiel comme on le verra ci-après. L'appareil respiratoire est seulement conformé dans cette classe d'animaux, de manière que l'expiration ne les fasse pas devier.

Loin que les oiseaux se dirigent par les ailes, ils s'en servent pour s'opposer à la locomotion directe que la respiration leur imprime ; car lorsqu'ils veulent se poser sur un point déterminé par leur volonté, ils prennent une position verticale, ils battent des ailes pour vaincre la puissance locomotrice de la respiration, et ils écartent pour concourir à cet effet, les plumes de la queue, (ceux qui en ont) qui est alors verticale, pour que, présentant beaucoup de surface, elles contribuent à les retenir sur le but desiré.

L'expérience va rendre plus palpable, la propriété locomotrice de la respiration des oiseaux en équilibre dans les airs.

LOCOMOTEUR.

Prenez un tuyau de carton d'environ un décimètre de hauteur, bouché à un de ses bouts, de cinq centimètres de diamètre; faites-y deux trous à peu près de la même grandeur, opposés, dont l'un, l'inférieur, a deux centimètres de l'extrémité ouverte, et l'autre, le supérieur, a un centimètre de l'extrémité bouchée; posez-le sur une planche circulaire, ayant une bobêche à son centre, et dans la bobêche une bougie allumée, (la flamme de la bougie doit-être un peu au-dessus du trou inférieur); mettez la planche sur l'eau.

La vapeur ou fumée de la bougie sortant par le trou supérieur du tuyau, pousse par une faible force de recul, tout l'appareil; la flamme de la bougie attire l'oxigène par le trou inférieur; mais comme l'attraction s'exerce par un appareil en équilibre sur l'eau, il offre moins de résistance que le gaz attiré; par cette disposition, au lieu que la flamme de la bougie fasse venir à elle l'Oxigène, comme cela arriverait si l'appareil était fixe, elle va à lui se dirigeant du côté du trou aspirant; (car on conçoit aisément que cet appareil est en même-tems aspirant par le trou inférieur, et expirant par le trou qui excrète la fumée;) (dorénavant nous appellerons ces trous, aspirail et expirail, et l'appareil, locomoteur.) La force d'aspiration est incomparablement plus forte que la force d'expiration ou de percussion; car quoiqu'on laisse l'extrémité supérieure du tuyau ouverte, l'aspiration a encore assez de force pour faire avancer le locomoteur.

La double puissance motrice d'aspiration et d'expiration qui dirige les oiseaux dans les airs, et qui fait avancer l'appareil décrit ci-dessus, peut servir de moteur à différentes machines; je me restreindrai pour l'instant à l'appliquer aux Mongolfières, pour obtenir leur direction à volonté. Aulieu de construire la Mongolfière en forme sphérique, il faut lui donner celle de cylindre, parce qu'elle présente le moins possible de surface verticalement. Les oiseaux sont conformés de manière à offrir la plus petite surface horisontale possible. Ne pouvant avoir une petite surface horisontale dans les machines aërostatiques, il faut diminuer le plus possible la surface verticale; ce qui revient au même pour l'effet que l'on desire, (celui d'avoir le moins de résistance à vaincre.) D'après cela la forme de colonne est préférable à celle de balon. Pour y adapter l'appareil locomoteur, jusqu'au cinquième de la hauteur de la colonne inférieurement, doit être une carcasse solide, pour qu'elle maintienne la toile, afin que l'Oxigène, qui fera effort pour pénétrer en tout sens dans cette région, n'y déprime pas la toile. On pratiquera six aspiraux où se termine la carcasse, garnie d'un court tuyau, se fermant avec une soupape qui glissera de bas en haut, sur leur ouverture; et la région supérieure aura six expiraux, se fermant aussi par une soupape, mais qui glissera de bas en haut. Chaque aspirail et expirail sera peint d'une couleur différente, en observant de donner à l'expirail, la couleur de l'aspirail qui lui sera opposé. On disposera un appareil dans la base de la colonne, pour recevoir une bobêche qui s'élève et s'abaisse à volonté. Cette bobêche est destinée à supporter un flambeau de cire et de résine d'une grosseur proportionnée à la machine à mouvoir.

Je préfère le flambeau de cire et résine, parce qu'il donne une flamme de plus longue durée et plus égale que les combustibles qui ne peuvent se prêter à la forme de flambeau. Les combustibles liquides qui ont l'avantage de donner une flamme égale, peuvent se répandre, ce qui est un grand inconvénient pour une machine, dont toute la sûreté dépend de la permanence de la flamme du combustible qui l'anime.

Pour introduire le flambeau dans l'intérieur de la colonne, il y aura un grand ombilic auquel sera attaché un appendice de toile, que l'on liera pour la clore exactement dans cette partie.

On placera la galerie ou nacelle au-dessous de la colonne ; elle en circonscrira la base, pour pouvoir manœuvrer et voir les aspiraux et expiraux ; à cet effet chaque soupape aura une queue à laquelle sera attachée une corde qui viendra aboutir à la galerie.

Les aspiraux étant ouverts, et seulement un expirail, le flambeau allumé, la chaleur, l'hydrogène, et la fumée qui s'échappent de la combustion du flambeau, dilateront la toile ; la machine ayant acquis par cette dilatation, une légèreté suffisante, s'élève, et elle n'a pas plutôt perdu terre, qu'elle est entraînée par le courant de l'atmosphère, quelque faible qu'il soit. Si le courant la porte vers le lieu où on se propose d'aller, il faut laisser la machine telle qu'elle s'est trouvée à son ascension ; mais si le courant la pousse dans une autre direction, on doit fermer cinq aspiraux, et ne laisser ouvert que celui qui est tourné vers le point où on desire aller, et on ouvrira le seul expirail opposé à l'aspirail ouvert. Si le vent était absolument contraire, on louvoyerait en ouvrant l'aspirail le plus favorable.

La manœuvre du locomoteur aërien ne consiste donc qu'à ouvrir les soupapes congenères les plus convenablement situées, dans l'instant de la manœuvre, pour atteindre le lieu où l'on se propose de parvenir; et pour descendre il n'y a qu'à augmenter la densité de la machine; on obtient cet effet en élevant le flambeau, comme on va s'en convaincre par les réflexions suivantes.

L'Oxigène est toujours tiré en ligne directe par l'inspiration et par la combustion, lorsqu'il n'y a pas d'obstacles, (je m'en suis assuré par plusieurs expériences.) Pour avoir la plus grande force directrice, il faut que la flamme du flambeau soit toujours en face de l'aspirail; (si elle est plus basse elle s'éteint, si elle plus haute, la force locomotrice est affaiblie, et elle l'est en raison de son élévation.) Nous savons que toute la capacité supérieure de la colonne doit contenir des gaz légers, et l'inférieur de l'air atmosphérique; pour faire descendre la machine on n'aura qu'à exhausser la flamme. Ce qui suspendra en outre, comme nous venons de le dire, la force locomotrice, deux effets essentiels pour prendre terre à un lieu déterminé.

Arrivé à terre on éteindra le flambeau avec un éteignoir qu'on introduira par l'ombilic.

Six directions m'ont paru suffisantes, on peut les porter à un plus grand nombre; mais je ne crois pas qu'on ait des meilleurs résultats.

Les six couleurs des six ouvertures congenères serviront à l'aréonaute commandant, pour indiquer sans équivoque les aspiraux et les expiranx qu'il veut faire ouvrir.

Il est indispensable que la flamme soit au centre, et que le combustible soit disposé pour ne pas brûler ailleurs, parce que si la combustion ne se faisait pas au centre du locomoteur, la direction serait plus ou moins oblique, selon que la flamme serait plus ou moins éloignée du diamètre qui part de l'aspirail ouvert; car alors la distance de la flamme à l'aspirail directeur, serait une fraction de corde, tandis qu'elle doit-être pour avoir une action directe, placée sur le trajet du diamètre qui aboutit à cet aspirail.

La fumée est une flamme de laquelle les gaz méphitiques empêchent que l'Oxigène ne dégage la lumière. Si on fait la combustion dans l'appareil aspirant; l'Oxigène est attiré par l'aspirail, et les mofettes sont chassées par l'expirail. L'intérieur de l'appareil, ainsi purgé de tous les gaz incombustibles, permet à la flamme le plus grand développement possible. Les locomoteurs aëriens et les lampes obtiendront, par l'application de ce principe, leur extrême perfection.

Avantages du cylindre à ouvertures pneumatiques, latérales et congenères.

Point de perte de combustible, développement de calorique et de lumière plus considérable que par tout autre procédé, et sa locomotion lorsqu'il est en équilibre sur un liquide, ou lorsqu'il est suspendu dans un milieu.

FIN.

Avantages du cylindre à ouvertures pneumatiques, latérales et congénères.

Point de perte de combustible, développement de calorique et de lumière plus considérable que par tout autre procédé, et sa locomotion lorsqu'il est en équilibre sur un liquide, ou lorsqu'il est suspendu dans un milieu.

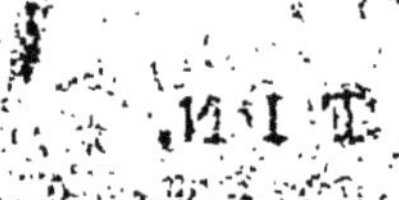

FIN.

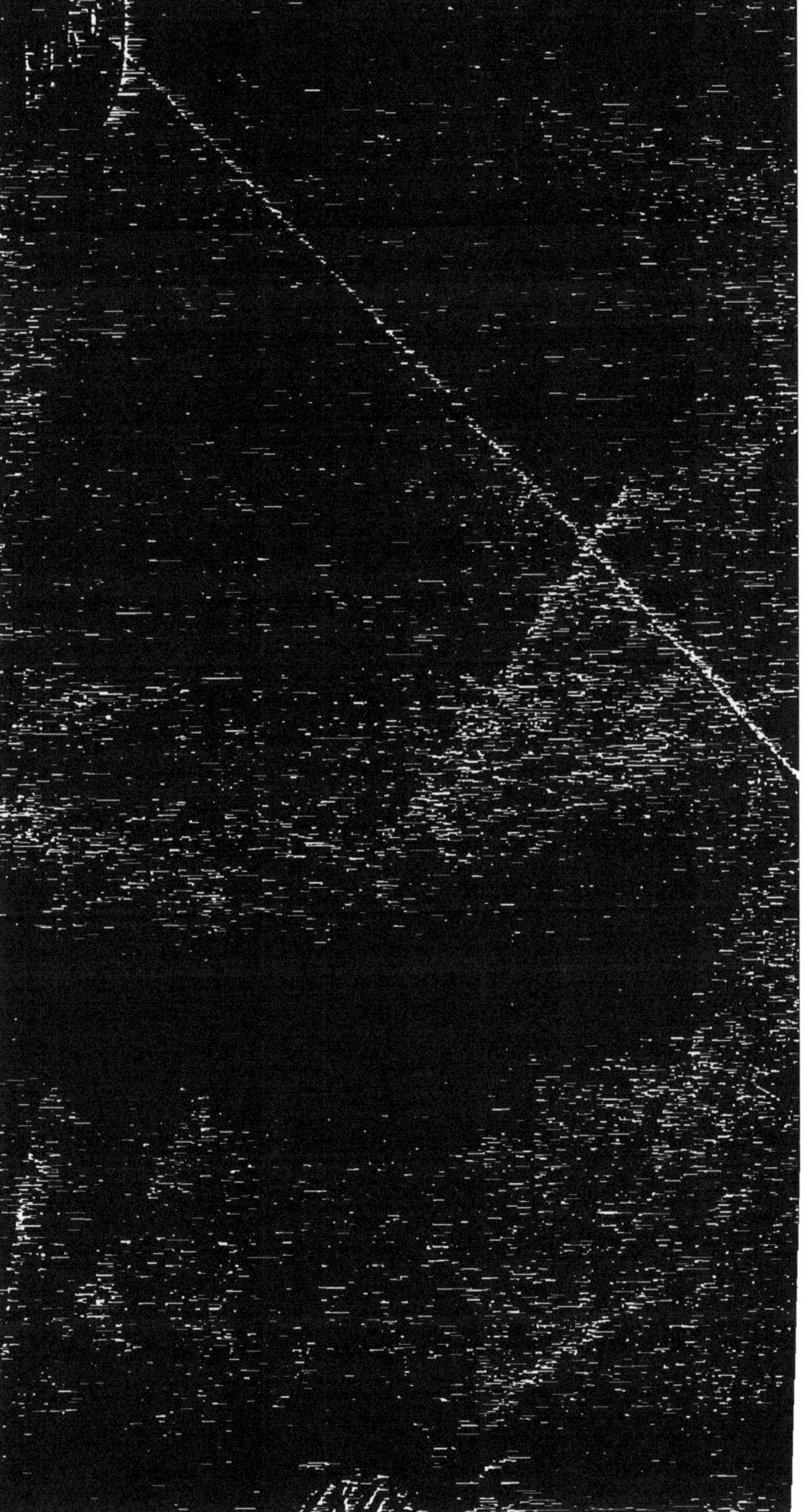

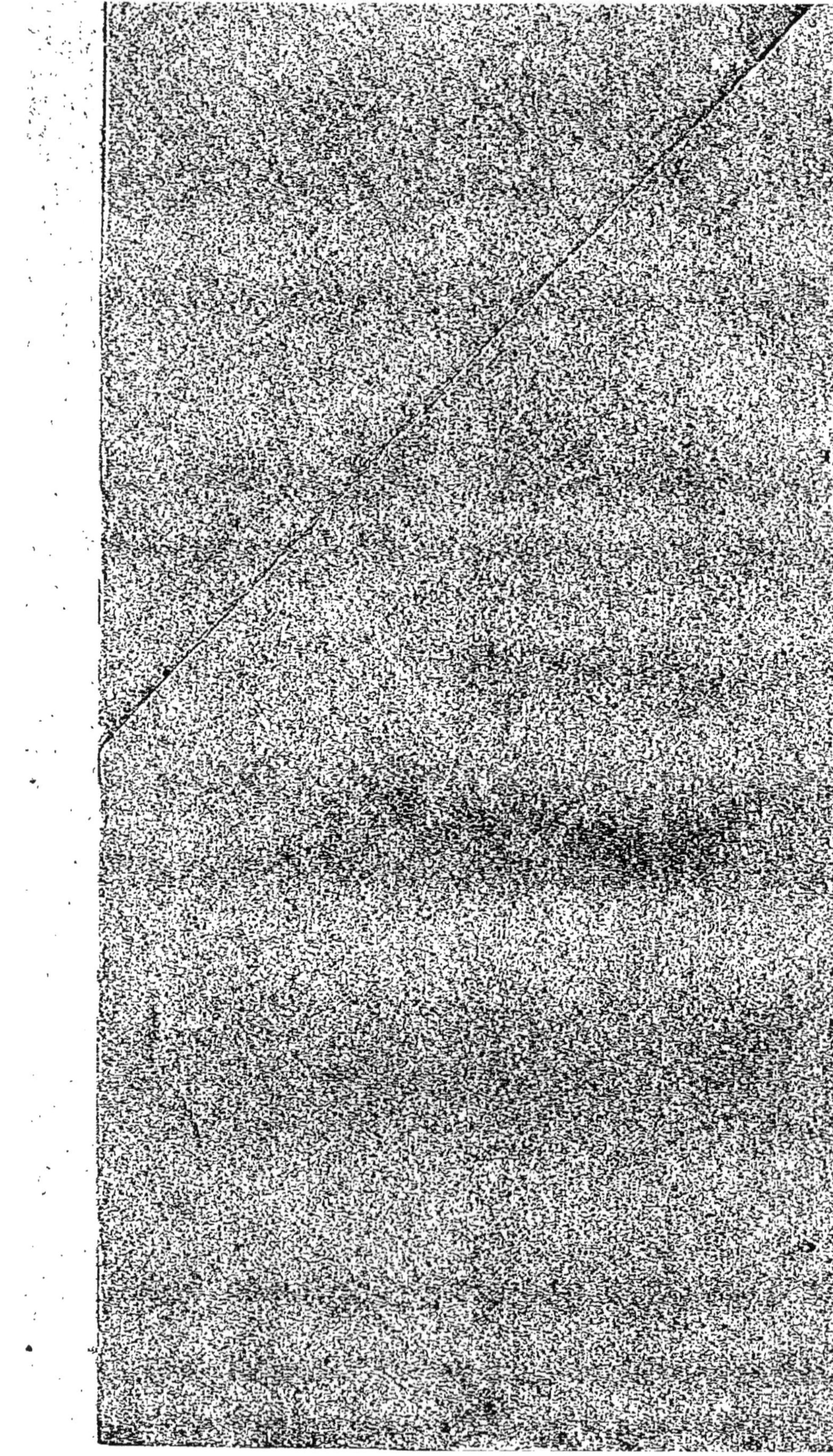

www.ingramcontent.com/pod-product-compliance
Ingram Content Group UK Ltd.
Pitfield, Milton Keynes, MK11 3LW, UK
UKHW012313240726
13966UKWH00005B/1842